DIY系列

DIY系列

DIY系列

DIY系列

目 錄 | CONTENTS

52 狀元及第粥

「狀元及第粥」最初是賣廣東粥,其特點是粥米爛而不糊,粘度適中,口味清淡、變化大的粥,加個皮蛋瘦肉或是牛肉、雞肉、魛仔魚的就是不一樣的粥品;一碗份量充足的廣東粥等等,讓您能吃得美味又吃得飽。

58 諾曼咖啡——摩卡巧酥冰沙

如果你並不想花很多時間到星巴克喝杯好喝但昂貴的咖啡,也不想喝下便宜但太難喝的咖啡,諾曼咖啡會是個不錯的選擇。

64 順意滋膳阿媽補——帝王何首烏雞

中國的藥膳文化源遠流長,要真的能夠展現藥膳精髓,則是要能結合美味與強身的雙重功用,想要體會美味與補身兼具的藥膳料理,不妨就前來「順意滋膳阿媽補」品嚐其中的風味喔!

70 公園號酸梅湯

酸梅湯的原料是烏梅、桂花、冰糖、蜜四種、《本草綱目》說:「梅實采半黃者,以煙熏之為烏梅。」它能除熱送涼,安心止痛,甚至可以治咳嗽、霍亂、痢疾……。

76 佳味薑母鴨

麻油炒老薑,香味傳千里,正港紅面鴨,味美又滋補!在眾多的藥膳食補當中,一直覺得薑母鴨的湯頭喝起來是最過癮的,光是聞到那辛辣的嗆味,就讓人精神為之一振。

84 楊記花生玉米冰

吃一口冰品沁心涼,然後知道幸福竟是一種可以品嚐的味道。

路邊攤紅不讓小吃ＤＩＹ

小吃在台灣，儼然成為一種文化，一道看似「簡單」卻又「豐富」美味的路邊攤小吃，總是能夠在每趟旅程中，讓旅客留下美麗、甜美的回憶，雖然沒有華麗的碗盤襯托，但它卻能讓您的味蕾填滿「滿滿的幸福與飽足感」……，路邊攤就像是永遠都不會關門的7-11一般，為我們的生活增添了方便與樂趣。

話雖如此，但對於路邊攤的美食，許多人還是存在著小小的隱憂，那就是不夠衛生，「路邊攤」顧名思義就是在路邊搭個攤子賣東西，馬路邊車水馬龍、灰塵在空氣中四處飄散、老闆的衛生習慣好不好等等問題，都成了菜好不好吃的重要關鍵之一。

另外，由於現代人對於養身、健康這方面的觀念越來越重視，「少糖」、「少鹽」、「不要味精」，成為大家選擇食物的準則；於是，路邊攤的小吃雖然美味，但是礙於健康種種方面的考量，也會開始令人卻步。

想吃「美食」又擔心不夠衛生、不夠健康怎麼辦？大都會文化為了服務讀

者，讓讀者也可以在家輕鬆做出美味的路邊攤美食。特別將受歡迎的路邊攤美食一一集結成書，讓老闆親身下廚做給你看，不僅步驟詳細讓你一目了然，文字解說更是簡單、易懂，書中包括了「同心圓紅豆餅」、「三媽臭臭鍋」、「烤洋芋」、「章魚燒」、「雙果人參雞」、「阿水獅滷豬腳」、「狀元及第粥」、「摩卡巧酥冰沙」、「帝王何首烏雞」、「公園號酸梅湯」、「薑母鴨」、「楊記花生玉米冰」等等小吃；當你想吃卻又不想出門買時，就可以照著書中的詳細步驟，一步一步的做出你想要的路邊攤小吃，這樣不僅衛生，口味還可以因個人喜好而異，不想吃太甜的就少加糖，想要吃健康一點的就不要加味精。

想要在家做出如路邊攤般美味的小吃不再是難事，讓我們開始享受自己在家DIY的樂趣吧！只要按著本食譜按圖索驥，就能做出既「衛生」又「健康」；「經濟」又「實惠」的道地美味。

同心圓日式紅豆餅

紅豆餅又稱「車輪餅」，是從日本引進來成為大街小巷常見的小甜點，紅豆餅的日文叫做「大判燒（だいばんやき）」，也有地方稱之為「今川燒」、「二重燒」、「回轉燒」、「太鼓燒」。為什麼叫做大判燒，似乎是因為起源於江戶時期，江戶的錢幣叫做「判」，而紅豆餅的形狀就像一個大錢幣，所以叫做「大判燒」。大判燒可以說是現在的「鯛燒（だいやき）」，也就是鯛魚燒的前身。在日本「お好み燒き」、「たこ燒き」、「大判燒き」可說是著名的三大餅。

這種一出鍋就熱騰騰的傳統美食，很適合當點心零嘴，當場看業者烤紅豆餅也很有趣。紅豆餅在台灣是很尋常的零嘴類小吃，許多夜市或是路邊騎樓都看得到。紅豆餅又稱「車輪餅」，是從日本引進逐漸成為大街小巷常見的小甜點，這種一出鍋就熱騰騰的傳統美食，很適合當點心零嘴，現場看業者烤紅豆餅也相當有趣。

吃紅豆餅總是要細細咀嚼，像是在咀嚼每一分幸福，關於那吃下去的感覺，像是被電到一般那樣直接的感覺，「就是好吃」、「就是美味」囉！尤其那入口即溶的餅皮，甜而不膩；大而盈滿的內餡，口感實在；雖然每個單價高於市面上的販售價格4～5倍，卻還是能夠吸引固定的人潮，一嚐究竟，或許也因為自己是一個非常愛吃甜食的人，所以能吃到這樣好吃的「同心圓日式紅豆餅」，會覺得特別幸福吧！

同心圓日式紅豆餅

我來介紹

「現場全程製作，因此新鮮度絕對是百
分百，在原料的使用上相當大方，不論
是麵粉、糖、牛奶等所有的材料都使用
知名品牌。」
老闆陳文發先生及太太

因為好吃，所以賺錢
同心圓日式紅豆餅

地　　址：北市復興南路1段133號
電　　話：(02) 2731-8425
營業額：68萬元

1. 製作麵糊材料：
   低筋麵粉、獨家配方香料（香草粉、奶油
   粉）、細砂糖（台糖）適量、雞蛋3個。

2. 奶油內餡材料：
   奶油粉適量、無鹽奶油塊（安佳）適
   量、全脂牛奶（味全）適量。

3. 各式內餡成品：水晶芝麻、芋頭、奶
   油、起司、菜脯、油蔥酥。

4. 攪拌麵糊步驟。

5. 拌奶油餡成品。

7. 加入適量的內餡。

6. 將適量的麵糊注入模子中。

8. 測試麵皮熟度。

9. 取另一面麵皮蓋上。

Ps：紅豆餅的模型也有小台的喔，

洽詢方式——「完全行」

電話：（02）2389-9609

地址：北市環河南路1段46號

10. 包裝成品。

同心圓日式紅豆餅

獨家撇步

　　純麵粉原料製成麵皮，有別於傳統紅豆餅在麵糊中加水，因此就算變涼之後，也不會過軟。

《 前製處理 》

麵糊

(1) 將低筋麵粉、水、細砂糖、雞蛋、獨家配方（牛奶、香草）香料逐步加入攪拌器內。

(2) 打成麵糊，大約12分鐘即成麵糊材料。

奶油內餡

(1) 材料包括：奶油粉、奶油塊、全脂奶粉。

(2) 先將奶油塊煮熱後融化成液狀。

(3) 和鮮奶及奶油粉逐步加入打勻，大約10分鐘即成為奶油餡料。

菜脯內餡

(1) 材料包括：蔥花、切絲菜脯絲、油蔥酥。

(2) 先將蔥花爆香。

(3) 加入菜脯絲拌炒至香味冒出。

(4) 加入油蔥酥攪拌。

(5) 加入少許的鹽及味精調味即可備用。

紅豆內餡

(1) 紅豆泡水約2小時，洗淨後放入電鍋中燉煮（水不可太多）。

(2) 待熟後加入2號砂糖拌攪均勻。

(3) 繼續煮至水快乾即成紅豆沙。

芋頭內餡

(1) 將芋頭削皮切塊，放入電鍋（或蒸鍋）中燉煮（不加水，芋頭最好用蒸的才較鬆軟可口）。

(2) 待芋頭熟透後，趁熱加入2號砂糖。

(3) 砂糖溶化後快速攪拌芋頭成泥，即是芋頭餡料。

※ 芝麻粉、花生粉、鮪魚罐頭，可至南北貨店買現成的即可。

水晶皮

(1) 將太白粉或蕃薯粉加入適量的水及白砂糖調成糊狀。

(2) 倒入鐵鍋中，小火加熱，不停快速攪拌，避免焦掉。

(3) 一直攪拌成黏稠狀（類似麻薯）。

(4) 趁熱捏成一小團一小團，包入各種口味的餡料，即成水晶餡料。

《後製處理》

(1) 紅豆餅烤爐先加熱至中高溫（第一鍋溫度會較不均勻）。

(2) 在模型中抹上奶油，避免沾黏。

(3) 倒入麵糊抹勻。

(4) 待麵糊已成餅狀（約7分鐘），加入各種餡料。

(5) 取其他已烤熟的餅殼（先用針狀的工具，將餅的周圍刮一刮，以便餅殼較易脫模），倒蓋於餡料上。

(6) 待餅成型粘著後，用針狀工具刮一刮模型中的餅殼，取出紅豆餅即完成。

※ 若要區分不同口味，可於模型中先加入芝麻、海苔粉、瓜子、菜脯絲等等做區別，再倒入麵糊即可分辨。

三媽臭臭鍋

冬天寒流冷颼颼，吃客火鍋熱呼呼，氣溫驟降，三五好友相約，祭祭五臟廟，熱絡熱絡感情，火鍋店的生意相對強強滾。這年頭消費者凡事精打細算，總希望物超所值、俗又擱大碗，因此同樣是火鍋店林立，低價位的火鍋便受到「火鍋族」關愛的眼神。在麻辣鍋、涮涮鍋流行的當頭，「三媽臭臭鍋」異軍突起，開拓出另一片市場。至於「三媽臭臭鍋」的由來其實是源自中部員林地區，創辦人張宗揚原本是賣豬腳飯。在一個偶然的機緣，張宗揚北上深坑，品嚐遠近馳名的深坑臭豆腐。憑藉著職業敏感，立刻連想到另類商機，於是開發出口感獨特的臭臭鍋。87年6月，張宗揚就在十幾坪的店面，開起全台第一家臭臭鍋。為了取個店名，著實讓他傷透腦筋：左思右想，靈機一動，索性以自己丈母娘的名字——「三媽」為號，既有本土味，更帶親切感：至於「臭臭鍋」的名稱，則是根源火鍋材料中的大腸、臭豆腐而來……。

聰明的消費者也會發現，同樣是「三媽臭臭鍋」，每家店賣的也是標準的「大腸臭臭鍋」、「泡菜鍋」、「海鮮豆腐鍋」、「鴨寶鍋」四味，但每家的口味確實有些不同，而且店家的裝潢風格差異也挺大的。

因此如果您吃過別家的「三媽臭臭鍋」，覺得價錢雖然便宜，但用料似乎不夠豐富，或是氣氛不是太好，那來到士林這家廟口旁的「三媽臭臭鍋」絕對會顛覆您的觀感，這裡的裝潢以深咖啡色系為主調，呈現出高級餐廳的格調，但價錢卻仍是統一價90元，而親自品嚐後您更會發現這裡的用料可是特別豐富，真可說是「三媽臭臭鍋」的模範店呢！

我來介紹

「總店只提供湯頭和基本的煮法,因此店主必須要特別用心注意每道素材的口味,也要注意各地區不同的口味,食物品質的管理非常重要。」

黃老闆

因為好吃,所以賺錢

三媽臭臭鍋

地　　址:北市士林區大南路48號
電　　話:(02)2889-1319
營業額:220萬元

《材料》

臭豆腐1個	鴨血1個
高麗菜適量	內臟適量
豆皮適量	皮蛋1顆
米血適量	韭菜適量
金針菇適量	鳥蛋1顆
貢丸3個	

《 前置處理 》

將青菜、內臟切塊、清洗，置放待用。

《 製作方式 》

1. 先將臭豆腐、大腸、高麗菜、韭菜、金針菇、肉片等食材全部放入鍋中。

2. 將沙茶置於食材的最上方。

獨家撇步

　　在烹煮上，如果煮的是大腸臭臭鍋，一定記得要把豆腐擺在最下層，因為臭豆腐的味道一定要燜久些才會出來。

3. 將特製的高湯倒入鍋中，將沙茶一起沖入食料中。

4. 以長柄小匙按壓食物浸入高湯中熬煮，讓所有材料都可以吸收到湯的美味。

5. 3～5分鐘後將小盤夾起，置於小爐上，大腸臭臭鍋就可以上桌了。

三媽臭臭鍋

在家DIY

　　「三媽臭臭鍋」有提供外賣的素材，供消費者自己回去煮，店主已經體貼的將湯、材料、沙茶、配料，分別包裝，客人只要依指示製作即可，但爲了讓臭豆腐的香味溢出，因此煮愈久會愈好吃，但是海鮮鍋可不行，熟了就要立刻起鍋，否則會愈煮愈鹹，海鮮的肉質也會變硬影響口感。

一中街波特屋

台中夜市掀起馬鈴薯旋風，原本只在美式餐飲吃得到的烤洋芋，在夜市開始熱賣！波特屋的兩位老闆出奇的年輕帥氣，他們的人和店都散發著一種新興的路邊攤風格。顏國文和陳俊瑜兩人是弘光醫專的前後期學長弟，兩年前創業時，顏老闆才24歲，陳老闆則還小他兩歲。顏老闆退伍之後的第一份工作是在一家美式餐廳擔任店長，將美式餐廳的食物路邊攤化，就是源自於那時的工作經驗，有了創業的念頭，顏老闆找陳老闆合作，那時陳老闆才剛退伍，第一份的正式工作就是自己創業。年輕人創業小本經營，一開始兩人湊了十萬元，買了最基本的餐車、一個烤箱、一個保溫箱以及一些必備的備配鍋、杓、刀等，就開始創業了。他們將餐廳裡最受歡迎的配菜「烤馬鈴薯」研究改良後，在台中一中街以「Potato House」（波特屋）的名號賣起口味獨特的烤洋芋。

而波特屋延續美式餐廳的品質要求，烤洋芋要好吃除了首重洋芋的品質，洋芋精選美國 Russet品種，含水量低、質地綿密鬆軟；起司也扮演了舉足輕重的角色，波特屋所使用的起司也是從國外進口，選用Cheddar品牌，進口的Cheddar起司醬，經過秘方特調，創造獨特風味；除了這些之外，其他配料像青花菜、培根，為求品質也都是由國外進口……。由於，進口成本較高，平均一匙比起台灣架上買得到的品牌成本就要高出一元；雖然成本高出不少，但這也是波特屋不怕其他品牌競爭的優勢所在。

我來介紹

「我們對食材品質的堅持，是商品長紅的主要原因，波特屋承襲美國傳統風味及品質，烤洋芋採用純正美國Russet Burbank品種洋芋，除了含水量低、口感鬆軟香甜之外，褐色的皮烤出來的顏色賣相特別好。」

老闆陳俊瑜及顏國文

青花菜起司烤洋芋

　　洋芋因已慎選Russet Burbank品種，事先都已洗選好，大小重量平均，所以進貨以後並不需要再多費工處理。起司雖然採用國外進口Cheddar品牌，但為創造獨特風味，便需要格外費心調製，慢工烹調。青花菜首重口感的脆度，水煮的時間要拿捏得當，並過冰水，同時一次不宜預先煮好過多的份量，以免失去鮮度。

《材料》

一份
洋芋1粒
起司醬1匙
青花菜約4～5小朵
胡椒粉少許

《前置處理》

1. 青花菜要洗淨，切小朵，入水煮熟之後過冰水，為求新鮮一次不會煮太多量，會就現場需要隨時再煮。

2. 篩選過的馬鈴薯，大小重量平均，每顆都大約250公克，十分方便販售，直接進烤箱即可。

一中街波特屋

因為好吃，所以賺錢
一中街波特屋

地　　址：台中市一中街83-3號
電　　話：0933-178-270
營業額：91萬元

《 製作方式 》

1. 水煮青花菜，過冰水。

2. 馬鈴薯大批一起進烤箱烤，烤好放進餐
   車下方的保溫箱。

3. 取出保溫的洋芋先用刀片劃開一刀。

5. 擺上青花菜,份量約4～5小朵。

4. 將馬鈴薯完全鬆開,如此口感更鬆軟,
也方便顧客食用。

一中街波特屋

獨家撇步

烤洋芋的作法並不難,程序幾乎大家都知道,但是如何調出香濃、爽口的起司就是「秘方」的關鍵所在。另外如何將洋芋烤得恰到好處,既要外皮金黃不焦黑又要裡頭完全熟透,這可得專業的設備才能辦得到,不信你試試家用烤箱就會知道結果。

6. 淋上一匙起司。

7. 灑上少許胡椒粉即完成。

在家DIY

　　如果讀者要在家裡自己動手烤洋芋，建議先用微波爐加熱至半熟，再進烤箱烤，如果使用一般家用烤箱成功率很低，因為家用烤箱功率低，並不適合烤洋芋，不但耗時，而且容易出現一面已經烤焦，另一面卻還沒熟。起司部分，最合適的選擇是焗烤用的起司絲，起司片則不適合，因為起司片不容易融化，會黏在馬鈴薯上頭，無法做出起司汁的效果。如果要另外添加其他配料，青菜類先水煮，待等馬鈴薯烤好直接加上即可，若是要加培根則建議一起進烤箱烤；前置處理先將雞肉洗淨、切塊、汆燙後備用。

一中街波特屋

它克亞奇章魚燒

據說「章魚燒」最早出於大阪的「章魚燒」專營店「會津屋」的創始人遠藤留吉之手。遠藤留吉起初將肉、魔芋等加入調開的小麥粉麵糊裏煎燒後放在食攤上賣。後來,1935年時,遠藤留吉開始使用章魚作為原材料,並在麵糊裏調入味道,煎燒出的「章魚燒」大受人們的歡迎。不久,「章魚燒」從大阪被推廣到日本全國。

「章魚燒」是一種速食,其作法是,用水將小麥粉調開,加入湯汁、調味料、雞蛋等等,然後,將切成小塊的章魚以及切碎的蔥、生薑、油炸物碎渣摻入調好的麵糊裏,並煎燒成圓狀。人們可以專營店或食攤上品嘗到「章魚燒」的風味,各個店攤都在麵糊和調味汁上下功夫,以形成自己的獨特口味。

老闆蔣先生一路走來也歷經過許多起伏轉折,目前從事小吃業的他,以前是經營過成衣批發,那個時候的店面也是在士林夜市,不過後來發現成衣批發並不是那麼好賺,而且內心中隱藏已久的興趣,也帶領他往小吃業的路上踏去。經過一番摸索,蔣先生確定日式的小吃確實在市場上屬於歷久不衰的超人氣商品,於是賣相頗佳的章魚燒就成了蔣先生決定主打的重要產品。

店主蔣先生渾身充滿活力幹勁,他和他的妻子在士林夜市執業已經有兩、三年的歷史了。這些年以來,除了刮颱風下大雨,他們夫婦二人的身影幾乎每天下午都會準時的出現在士林夜市,為忙碌的一天做好準備。

我來介紹

「口感扎實,口味多元和食材新鮮,是取勝的三大特色。」

老闆蔣先生、老闆娘蔣太太

因為好吃,所以賺錢
它克亞奇章魚燒

地　址:台北市士林區文林路向內
　　　　(由陽明戲院旁的巷子進入)
電　話:02-2883-2826
營業額:27萬

美味DIY

　麵漿所需材料為低筋麵粉50公克、發粉2小匙、蛋1個、水80公克、鹽1小匙,並置於碗中均勻攪拌。而後加入切碎的高麗菜一併拌勻;柴魚片與美乃滋為製作完成之後的配料。

《 材料 》

章魚5公克　　　高麗菜少許
美乃滋適量　　　柴魚片適量

《 前製處理 》

　　所有的章魚必須事先切成適當大小，大約長寬兩公分左右，便於放入鐵板烤台的窪洞中。

它克亞奇章魚燒

《製作方式》

1. 將鐵板烤台加溫預熱後，用刷子或棒子塗抹一些沙拉油，以避免原料沾鍋。

2. 倒入事先製成的麵漿。

3. 大約烤個30秒之後，倒入由胡椒粉、鹽等調味料配製而成的香料。

4. 這時候可以把章魚放進來，一個窪洞放一個。

它克亞奇章魚燒

5. 將切好的青菜平均而且適量的鋪在麵漿
   上面。

6. 再倒入一些麵漿。

7. 用工具(如細鐵棒、竹籤等)在每個章魚
   燒的周圍畫一圈,將底部已經烤熟的麵
   漿翻滾到另一面,在這樣的過程中,章
   魚燒很自然的就會變成圓形。在不斷的
   翻滾中,讓章魚燒的兩面都能充分燒
   烤,等利用工具輕壓時感覺有彈性,即
   可取出。

獨家撇步

　　章魚燒這項小吃最重要的秘訣當然就是在章魚這項原料的選擇了，章魚要新鮮可口，除了必須在最短的時間之內食用完畢之外，一般民眾在上市場選貨的時候，更要注意新鮮程度。

　　有些不肖商人會添加許多奇怪的化學原料以延長保存期限，不過一般人還是可以從章魚的外觀辨別好壞，例如，如果章魚的身邊出現許多黏黏的體液，最好就不要購買。

8. 將烤好的章魚燒抹上一些醬油，再塗上適量的美乃滋。

Ps： 章魚燒的模型也有小台的喔，
洽詢方式──「完全行」
電話：(02) 2389-9609
地址：北市環河南路1段46號

38

它克亞奇章魚燒

9. 柴魚片、海苔粉可以更增加章魚燒的風味,這就完成了香噴噴的成品。

在家DIY

　　受限於章魚燒需要的鐵板烤台並不是一般家庭廚房必備的工具,在家裡,我們可以將圓形章魚燒的作法改為像是大阪燒一樣,切成整齊的方塊狀。讀者可以準備一個平底煎鍋,依照上述製作步驟,將麵漿平均的倒滿平底煎鍋,然後以鍋鏟平均的劃出適當大小,以放入章魚,這種類似蚵仔煎的作法也是另一種享受章魚燒的門道。

有緣養生五補益餐坊

雙果人參雞

五行就是「金、木、水、火、土」，在身體結構中「金屬肺」，「木屬肝」，「水屬腎」，「火屬心」，「土屬脾胃」，只要「五行均衡」，身體自然健康無病，若其中有一種太弱，身體便會失去平衡而罹患疾病。

「有緣養生五行補益餐坊」的林老闆便是以此為概念，依據四時節氣，設計出春天養肝，夏天養心，秋天養肺，冬天養腎的養生藥膳食膳，到現在已經推出超過二百種的養生藥膳食膳。

由於林老闆本身經研命理五行，所以來到店裡，在品嚐美食之外，還可以順便向林老闆請教一些命理問題喔。而研究命理多年的林先生，在取店名時也是抱持著一個隨緣的態度，認為會進來到店裡用餐的客人，彼此之間也是有著緣分在，所以便以「有緣」二字來命名，而「養生五行補益餐坊」則是直接點出了店裡的特色。

所謂的養生餐廳，一般人從字面上，大都還能猜出裡頭賣的食物不外乎是強調「食補」或是「有機」的健康概念，而至於強調「五行補益」的餐廳，就讓許多上門的顧客不太了解，所以林先生不時也得回答客人們的疑問，店裡也特地印製五行補益的相關概念文字，供客人索取。

有緣養生五行補益餐坊

我來介紹

「依四時節氣設計不同的菜單是老闆用心的地方，對老饕的身體而言更可以達到最大的助益。」
老闆林先生及林太太

因為好吃，所以賺錢
有緣養生五行補益餐坊

地　址：北市士錦州街331號
電　話：(02) 2502-3125
營業額：52萬元

美味DIY

所使用的藥材有紅棗、人蔘果、羅漢果及天仙果，湯頭是以羅漢果及天仙果二種藥材，熬煮8個小時而成：雞肉自一般市場購買即可，記得要先行汆燙喔。

《 材料 》

雞肉適量	羅漢果適量
天仙果適量	人蔘鬚少許

《 前置處理 》

先將雞肉洗淨、切塊、汆燙後備用。

《 製作方式 》

1. 先將羅漢果撥開捏碎。

2. 將羅漢果裝入藥包中。

3. 將天仙果放入藥包中,將藥袋包好。

有緣養生五行補益餐坊

43

獨家撇步

　　用大型蒸箱以一盅一盅的形式蒸煮燉品,才可以維持每份套餐燉品的新鮮口感。

4. 在鍋中加入水並將包好的藥包放入鍋中以小火熬煮7～8個小時。

5. 熬製完成的藥汁。

6. 將汆燙過的雞肉放入盅內，倒入適量的
   藥汁並加入適量的紅棗。

在家DIY

　　先將所需藥材燉成湯底備用，將雞塊洗淨
汆燙煮熟後備用，在鍋中倒入煮好的湯底，放
進雞塊，可以再加入一些中藥提味，如常用的
紅棗、枸杞或人參鬚，燜煮約20分鐘，讓雞肉
入味即可，可再依個人口味添加調味料。

7. 加入些許的人蔘鬚。

8. 將裝好食材封上保鮮膜，放入蒸箱中加
   熱，讓紅棗及人蔘味道滲出即可。

阿水獅滷豬腳

來自彰化的郭老闆，十來歲起就愛上八卦山下「豬腳大王」的豬腳口味，近十年的時間都經常來吃豬腳，與老闆熟捻，也學會如何滷出這味好吃的豬腳；後來北上經商做紡織，民國65年能源危機讓原本平順生意，遭逢巨變。民國65年的台中，以爌肉飯為飲食業大宗，其中幾家早已做出知名度，郭老闆考慮當時的加入，將無法順利開拓市場，想起故鄉彰化的美味豬腳，既是自己愛吃的又會做，毫不考慮，就與妻子兩人埋首投入。

每天從早上七點就開始準備材料，賣到凌晨二點多，才回家休息，即使生意不好，也和妻子兩人守著攤子，一個、二個客人都好，長年無休，一點一滴收集客人喜好及青睞，慢慢熬出自己的忠誠客戶來。

「阿水獅滷豬腳」來自彰化八卦山的原始傳統美味，在台中生根茁壯，阿扁總統點選的女兒婚宴佳餚，平民化消費、國宴級的美味。長時間的熬煮，入口即化，皮Q肉細滑潤爽口，不油膩；油亮的金紅顏色，熱熱的吃，味道最好；不添加任何一味香料，只有黑糖、醬油、蒜頭、米酒，三個多小時滷出來的豬腳，不斷撈油去油的過程中，讓滷出來的豬腳，不油不膩，又軟又Q，鹹鹹甜甜的平實滋味，單吃豬腳或下飯都好吃，不需再準備沾醬。方便又好吃，郭老闆強調：「真的沒有獨家配料秘方」。配合知名超商連鎖宅配路線，只要到超商預定，全省各地均可送達，不必長途跋涉，就可天天吃的到阿水獅豬腳。

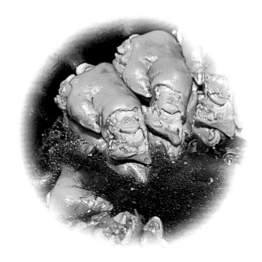

我來介紹

「為提供大眾化口味，老少咸宜，強調新鮮口感，烹調過程中，不添加任何香料，皮軟肉細、腳筋帶嚼勁，香Q可口、入口即化，爽口不油膩；為留住豬腳的原味湯汁，展現豬腳的鮮度，不帶入香料，只有簡單的調味用黑糖、醬油，去豬腳腥味用的大蒜、米酒，如此而已。」

老闆郭德意

因為好吃，所以賺錢
阿水獅滷豬腳

地　　址：台中市公園路1號
電　　話：（04）2224-5700
營業額：199萬元

美味DIY

滷豬腳

　　選前腿豬腳切段，清洗乾淨將皮毛剔除乾淨，在家裡試著烹調豬腳美味。

48

《 材料 》

約3-4人份

豬腳後腿1隻　　　黑糖酌量
蒜頭2～3大顆　　　醬油酌量
稻香米酒酌量

《 前置處理 》

　　請豬肉販幫您切段，回家清洗、並除毛，再清洗乾淨後備用，大蒜也是撥開清洗乾淨。

《 製作方式 》

1. 把買回來的豬腳，洗淨用清水不斷洗滌。

2. 準備蒜頭、米酒、醬油、紅糖備用。

阿水獅滷豬腳

49

回歸豬腳的原始口味就是獨家秘方，強調新鮮選材，不添加任何香料，原味呈現豬腳的美味。

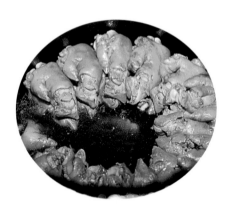

3. 清水煮開後，放入豬腳、先前調味好的滷料，一起放入。

4. 邊煮邊撈油，將油脂撈乾淨，約滷2～3小時便可。

阿水獅滷豬腳

5. 盛到盤子上就是香噴噴的原味滷豬腳。

在家DIY

　　把豬腳洗淨之後，切段，將醬油、紅糖、蒜頭、米酒酌量調味成滷料，把水煮開後放入豬腳及上述滷料，小火慢滷，約3小時，邊滷邊撈油，完成後既熟爛易食爽口不油膩。

狀元及第粥

古早的時代，大陸南方有一種叫做米漿或糊的東西，作法是將飯及配菜全放進一個大鍋裏，一直煮到它呈糊狀便完成了。那時因為它的質稀量少，算不上是正餐，通常都當點心或零食來食用。引進台灣後，再加上一些配料如：油條、皮蛋、蝦仁、蛋花……，便是一碗香噴噴、熱騰騰的廣東粥了。

老闆娘邱寶珠是台北人，結婚後跟著先生到高雄一起經營電動鐵捲門的生意，但是老闆娘在高雄住不慣，他們的鐵捲門事業又剛好遇到瓶頸，而且小孩子想上北部就學，於是全家便一起遷往台北發展。到台北後，兩人在今天的麟光捷運站附近開始做起鐵捲門的生意，結果卻意外的發現，在寸土寸金台北，商家大多不捨得挪出一些空間來裝設電動鐵捲門，一時之間生意比在高雄更差。後來又碰到麟光捷運站施工，店家的電話線無法架設，沒有電話，對原本就乏人問津的鐵捲門的生意來說，更是雪上加霜。想到家族裡有人經營粵菜餐館，老闆娘便決定向親戚學習煮粥，賣起廣東粥……。

在開封街上有一家店面很小，生意卻很好的「狀元及第麵線」，店裡約一坪的空間呈長方形，擺著一鍋一鍋種類不同的粥，只露出一面小開口，服務人員站在門口，手腳俐落的招呼著川流不息的顧客。

「狀元及第粥」最初是賣廣東粥，其特點是粥米爛而不糊，粘度適中，口味清淡、變化大的粥，加個皮蛋瘦肉或是牛肉、雞肉、穩鮂仔魚的就是不一樣的粥品。一碗份量充足的廣東粥等等，讓在附近上課補習的學生吃得美味又吃得飽，這全仗老闆娘的巧手匠心，挑選了上好的材料，才能做出如此名聞遐爾的美食。

我來介紹

「唯有新鮮的食材，才能保持粥品的鮮味及品質。除此之外，火候及水米比例也同樣重要，老闆娘在烹調時拿捏水量、米量的比例均勻，煮約1小時後的粥品濃稠度適中，不會太稀，讓老饕可以吃的好、吃的飽。」

老闆許邱寶珠

因為好吃，所以賺錢
狀元及第粥

地　址：台北市開封街1段2號

電　話：（02）2388-0875
營業額：55萬元

米的部分，選用壽司米等級的蓬萊米來煮粥，皮蛋，也是選擇一家設址在新店的皮蛋加工廠，他們的鴨蛋從南部進貨，據老闆娘表示這家工廠醃製的皮蛋比較香。自己在家動手做的時候，加不加皮蛋端看個人習慣。

《 材料 》

蓬萊米適量　　　　瘦肉適量
蔥少許　　　　　　油條1/2條
皮蛋1顆

《 前置處理 》

　　把鍋中的水煮開，把米洗淨後加入滾水，大約得花2小時熬煮成粥。煮的時候要注意火候，不要把水給煮乾了。

《 製作方式 》

1. 瘦肉在煮之前先用少量太白粉，稍做混合。

2. 把肉抓捏一下，使其有彈性。

3. 加入粥裡，和粥一起煮，因為瘦肉一放下去很容易就熟了，所以不用很久。

狀元及第粥

1. 煮粥時，需不停舀動才不致使米
   粒結塊。

2. 肉要最後放進去煮，顏色變了就
   可以，以免熟煮過久而失去彈性
   及鮮味。

4. 把煮好的肉粥分別倒入小鍋子裡頭。

5. 一杯肉粥放入肉鬆；加不加肉鬆端看個
   人口味。

6. 放入蔥花，增添香味。

在家DIY

油條、蔥花及皮蛋隨處可以買得到，煮一些肉粥再加上這些東西，簡簡單單就可做出美味的廣東粥。

7. 放入油條。

8. 放入已經切碎的皮蛋，增加粥的不同風味。

狀元及第粥

諾曼咖啡—摩卡巧酥冰沙

關於諾曼咖啡的由來，據說在三、四年前，「諾曼咖啡」的老闆去法國，在一個廣場上看到一個非常精緻的露天咖啡吧，且經過打聽，附近的人都知道這家的咖啡口味不錯，而這家咖啡吧的老闆名字就叫做Roman。也就是有了這樣的際遇，老闆想把這樣的感覺也帶回國內，於是在經過與國內設計師的溝通後，就呈現出目前諾曼咖啡吧的整個設計和外觀形象，且諾曼咖啡的製作方式也是研習法國的Roman而來喔。而諾曼咖啡的總店是在嘉義，後來進軍基隆，由於加盟金的低廉、加盟方式的簡易，產品又不複雜，且重要的可能還是諾曼能提供給消費者的咖啡和飲料品質，令人稱讚，但卻只有高級咖啡廳不到一半的價錢。因此，全台灣加盟店數更有了破百家的驚人成長。

劉琇娟老闆娘在做咖啡生意之前，是在珠寶公司門市做事，整天過著朝九晚五的日子，生活算是相當乏味。於是改行賣咖啡，

其加盟的時間是91年4月間的事，老闆娘表示當初諾曼在台北這應該算是第一家店。

如果你並不想花很多時間到星巴克喝杯好喝但昂貴的咖啡，也不想喝下便宜但太難喝的咖啡，諾曼咖啡會是個不錯的選擇；而如果你想開一間咖啡店，卻沒有太多錢，只要你對賣咖啡這個產業沒有過度的幻想，又喜歡接近客人，那諾曼咖啡鐵定也會是一個好選擇。

我來介紹

「法國露天咖啡吧，味道香醇氣氛佳」
老闆娘劉琇娟

因為好吃，所以賺錢
諾曼咖啡

地址：台北市大安路1段53號
電話：02-8771-3171
營業額：32萬

有濃濃巧克力味和巧克力餅乾的冰沙，
在夏日裡喝起來冰冰甜甜的非常幸福。

《 材料 》

冰沙粉適量　　　巧克力餅乾2片
咖啡豆適量　　　果糖少許
鮮奶油少許

《 製作方式 》

1. 將冰沙粉放入冰沙機中。

3. 巧克力餅乾1片放入冰沙機中。

2. 果糖放入冰沙機中。

4. 熱咖啡75cc放入冰沙機中。

獨家撇步

　　這裡冰沙好吃的秘密就在oreo餅乾，很多店裡的冰沙口味不同，主要原因就是放在冰沙中的巧克力餅乾不同，因為oreo餅乾成本較高，很多商家都會選擇以較便宜的廠牌餅乾替代，當然諾曼特調的冰沙粉，也是別人無法取代的獨家秘方。

5. 適量冰塊置於冰沙機內。

6. 將所有材料一起於冰沙機中絞碎。

7. 在完成的冰沙上加上鮮奶油。

在家DIY

　　現在咖啡機或是製冰機都很方便，要在家做出一杯冰沙其實並不困難，但是如果你只有咖啡和餅乾，做出來的味道還是不會和諾曼的冰沙一樣，主要關鍵就在冰沙粉，但是諾曼的冰沙粉並不外賣。

8. 加上巧克力餅乾一片做裝飾。

諾曼咖啡

順意滋膳阿媽補

帝王何首烏雞

老闆娘許寶扇原本只是一位單純的家庭主婦,當初之所以會開始研究起傳統的藥膳食補,主要是因為本身體質較弱的關係,所以便想藉由傳統的藥膳來改善自己的身體狀況。

起初她也只是遵照中醫師提供的藥方去烹調藥膳,但製作出來的藥膳,多半如同一般的湯藥,帶有濃稠的苦澀口感,於是她便試著在烹煮過程中去調整藥材的比例,沒想到經過改良後的藥膳,不但沒有中藥苦澀濃厚的滋味,反而呈現出一種甘甜不膩的口感。慢慢地,老闆娘在烹調上有了心得之後,便開始分送各式補品給朋友親戚們品嚐,而許多人在吃過幾次之後,不僅覺得口味好,身體的一些不適症狀竟也有了明顯的改善。

就這樣,老闆娘所熬燉的藥膳補品,在親戚朋友間打響了名號,於是便有人建議老闆娘不妨出來開業,就這樣在無心插柳之下,老闆娘便開始了對外的營業。起初,老闆娘也只是在自個兒住家設個招牌,加上店面位置又位於樓上,一般人根本很難注意到,因此來到這裡的顧客還是熟客為主,而且都是以預約的方式。但是藉由顧客之間的口耳相傳,客層漸漸的拓展開來,老闆娘也才開始有了另尋一獨立的店面的打算。

許多人對於藥膳的印象都是有著一股濃厚的中藥味,不怕這種味道的人自是可以吃得順口,而害怕中藥味的人往往就退避三舍,現在許多藥膳餐廳,有些特別強調補身的療效,卻忽略掉食物本身的美味。其實中國的藥膳文化源遠流長,要真的能夠展現藥膳精髓,則是要能結合美味與強身的雙重功用,想要體會美味與補身兼具的藥膳料理,不妨就前來「順意滋膳阿媽補」品嚐其中的風味喔!

順意滋膳阿媽補

我來介紹

「強調無負擔的保養觀是藥膳的特色之
一,所以店內的湯藥都是原色原味,除
了酒之外,是不添加任何調味料;改良
傳統燉品口味,滋補功效依舊。」
老闆許寶扇

因為好吃,所以賺錢
順意滋膳阿媽補

地址:台北市錦州街231巷23號
電話:(02) 2522-1759
營業額:36萬元

　　帝王何首烏雞所用到的材料,主要就是
包含何首烏、熟地、紅棗等二十多種藥材的
中藥包以及烏骨雞,藥材是跟貿易商取貨,
雞肉則自一般市場選購。

《材料》

何首烏適量	熟地適量
枸杞適量	紅棗適量
烏骨雞1隻	

《 前置處理 》

先將雞肉洗淨、去毛、切塊備用。

《 製作方式 》

2. 將熟地放入藥材包裡。

1. 將紅棗放入藥材包裡。

3. 將枸杞放入藥材包裡。

順意滋膳阿媽補

獨家撇步

　　老闆娘經由多年經驗才搭配出的藥材比例，讓熬出來的湯頭甘甜爽口，再搭配上柔嫩有嚼勁的雞隻，是成就店內招牌「帝王何首烏雞」的重要訣竅。

4. 陸續將何首烏等其他藥材放入中藥包裡。

5. 將調配好的藥材包放進大砂鍋裡熬煉湯藥，以小火燉熬8小時左右。

6. 將熬煉好的湯底倒入分裝的砂鍋裡，再
   將雞肉放入鍋中，先用大火煮開，再以
   小火燉熬約1個小時左右，讓藥汁味道
   滲入雞肉裡，即完成。

7. 帝王何首烏雞完成品，可搭配手工麵線
   一起食用。

在家DIY

　　若要在家中自行烹調，可以參照以下的藥材及份量：黃耆30公克、當歸、何首烏、熟地各12公克、適量的枸杞以及紅棗。首先，將藥材放入中藥包，再將雞肉洗淨切塊，放入水中稍微汆燙，取出備用。在鍋內注入適量水，放入雞塊、藥材包、用大火煮開，再改小火煮燜約1小時，將藥材包取出後，即完成。

順意滋膳阿媽補

公園號酸梅湯

古籍中所寫的「土貢梅煎」，就是一種最古老的酸梅湯；南宋《武林舊事》中所講的「鹵梅水」，也是類似酸梅湯的一種清涼飲料；而現在我們喝到的酸梅湯是清宮御膳房為皇帝製作的消暑飲料，後來流傳到民間，它比西歐傳入的汽水還早一百五十年。酸梅湯的原料是烏梅、桂花、冰糖、蜜四種，《本草綱目》說：「梅實采半黃者，以煙熏之為烏梅。」它能除熱送涼，安心止痛，甚至可以治咳嗽、霍亂、痢疾，神話小說《白蛇傳》就寫了烏梅辟疫的故事。

對於現今四、五十歲的台北人而言，「公園號酸梅湯」可以說是陪他們走過青澀年少時期共同的記憶。從1950年開始營運至今，「公園號酸梅湯」已經走過52個年頭了。在草創時期，「公園號酸梅湯」是由歐太太以及幾個股東共同來經營。起初，「公園號酸梅湯」只是在台北衡陽路一帶兜售的攤販；後來到了民國51年才搬到現在的店面。歐太太說，在早年市面上沒有什麼飲料，算得出品牌的大概就只有黑松汽水這一樣吧，所以當他們推出桂花酸梅湯之後，對許多人而言可是相當新鮮，產品馬上就大受歡迎。

在現今市面上充斥著各式琳瑯滿目飲料的時代，很難想像竟然還有強調完全以上等天然食材熬製而成的飲料。然而，屹立在台北二二八公園旁的「公園號酸梅湯」卻正就是這麼一家店，有著懷舊的荷蘭式建築，以及店老闆的熱心招呼，再加上一杯外觀色澤晶瑩，嚐起來芳香甘甜的桂花酸梅湯，彷彿引人走回了時光隧道而重溫兒時記憶般，那樣地溫潤有味；倘若再加上店家純手工製造的三色冰淇淋，肯定使人忘卻了炎夏的燠熱與煩燥，而彷彿置身在世外桃源。

我來介紹

「桂花酸梅湯主要是遵循宮廷古法所釀造，以烏梅、仙楂、甘草以及桂花醬等材料熬煮數小時而成，嚐起來不僅芳香甘醇，而且還具有生津解渴、消除油脂等的功效。」

老闆娘歐太太

因為好吃，所以賺錢

公園號酸梅湯

地　　址：台北市衡陽路2號
電　　話：02-2388-1091
營業額：22萬

每次熬煮桂花酸梅湯一大鍋的份量（1大鍋約30公升左右），大約是店內販售500～600杯的份量（1杯份量以500cc計算）。

《材料》

仙渣3公斤　　　　烏梅5公斤
甘草1公斤　　　　桂花醬3公斤
砂糖1桶半

《前製處理》

　　在大鍋中注入9分滿的清水，放入5公斤的烏梅、3公斤的仙渣、1公斤的甘草、3公斤的桂花醬，以小火連續熬煮約6～7小時左右，即可關火。

《製作方式》

1. 關火之後，將鍋蓋打開散熱，等待酸梅湯自然冷卻之後，準備過濾雜質。

2. 未經過濾的桂花酸梅湯原汁相當濃稠，呈現深棕色。

3. 將涼了之後的酸梅湯，利用紗布來過濾雜質。

獨家撇步

　　完全使用上等的天然食材來熬製，才能有如此甘甜的口感，桂花醬對於整體的口感則具有畫龍點睛之效。

4. 經過過濾後的桂花酸梅湯。這時候的桂花酸梅湯尚未加入砂糖，可以在室溫下存放幾天，不會變質。

5. 將過濾後的桂花酸梅湯倒進鐵桶裡，並加入適量比例的砂糖及冰塊；此時，酸梅湯呈現淡棕色的色澤。

6. 鐵桶上裝有橡膠管可以直接連接到一樓的冰櫃。

7. 將調配好的酸梅汁運送至冰櫃中，直接將冰櫃中的酸梅湯舀進杯中。

8. 桂花酸梅湯完成品。

公園號酸梅湯

在家DIY

　　想在家裡自己熬煮桂花酸梅湯，只需要用到鍋子、瓦斯爐。材料部分可依據個人所需的份量，將烏梅、仙渣、甘草、桂花醬依5：3：1：3的比例濃縮熬製，一般份量約以小火熬煮2小時即可。

佳味薑母鴨

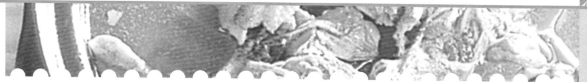

每年只要時序一入冬,大街小巷的薑母鴨店便如雨後春筍般紛紛開張,冬天似乎就是輪到薑母鴨大展身手的時節,據說,薑母鴨的作法是從商代名醫杜仲所流傳下來,麻油炒上鴨肉,再加薑母、燒酒燉熬,兼具辛辣香鮮等味道,食後令人精神振昂,通體舒暢,而深受當時帝王們的喜愛,因而民間開始流傳。

從現在四處可見紅底黑字的薑母鴨招牌看來,不難想像薑母鴨受到一般民眾喜愛的程度。在車來人往的市民大道上,羅老闆所經營的這家「佳味薑母鴨」,開業至今已有六年時間。原本是從事水電工作多年的羅老闆,當初會轉而經營起薑母鴨,主要的原因居然是因為要接手兒子的事業:原來這間「佳味薑母鴨」最

早是由羅老闆的兒子在經營,大約在三年多前,羅老闆的兒子剛好要另闢工作跑道,加上近幾年房地產不景氣,連帶影響到羅老闆水電工程生意,所以在兒子的建議之下,羅老闆乾脆就結束了水電工程的工作,和羅太太兩人一起投入薑母鴨店的經營。

對於烹飪一向很有天份的羅老闆,好像就注定要走入吃的這一行,在接手這家薑母鴨之前,羅老闆也曾經玩票性質的賣過牛雜湯,純正道地的風味還廣受顧客好評呢!

據羅老闆的說法,雖然冬天一到,滿街的薑母鴨店紛紛開張,但每家店的薑母鴨所呈現出來的口感好壞卻是大不相同,主要的原因就是在薑片及鴨肉的處理過程上。有些店家是以「薑汁入湯」的方式,直

我來介紹

「將薑片加入藥材，燜炒2～3個小時左右，讓薑片和中藥融合；而鴨肉則是另外燉煮，等到要食用時再將鴨肉與薑片合而為一。」

老闆羅振忠先生

因為好吃，所以賺錢
佳味薑母鴨

地　　址：台北市市民大道四段85號
電　　話：(02) 2781-1208
營業額：約40萬元

接和鴨肉一塊下鍋烹煮，這樣的薑母鴨，薑汁不夠入味，而且鴨肉嚐起來不是太硬就是太澀；而店裡的處理方式是先以薑片加入藥材，燜炒2～3個小時左右，讓薑片和中藥融合，而鴨肉則是另外燉煮，等到要食用時再將煮好的鴨肉與燜炒好的薑片合而為一，只有這樣的作法才能使肉質夠爛，卻不會太辣或太澀，而且也可以依個人口味來調整薑片的份量。這樣的處理過程雖然繁瑣，但也為羅老闆的店裡贏得好評不斷及固定的客源。

　　羅老闆夫妻倆經營這家店三年多來，培養了不少的死忠顧客，每每還未到開店的季節，就有一些迫不及待的客人打電話來詢問。每年在九月之後，鴨子體肥味美，最適合品嚐，「佳味薑母鴨」也大約是從農曆八月中秋節過後，才會開始營業，所以想要大啖鴨肉美味的人，可得抓準時節囉！

店裡使用的鴨肉為南部所產的紅面番鴨；胡麻油則是來自迪化街八十年老店；薑則是選擇三到五年的老薑；湯底中藥包是向中醫師直接購買。

材料

紅面蕃鴨適量	黃肉老薑適量
米酒適量	胡麻油適量

《 前製處理 》

由於送到店裡的鴨肉已經過前置的切塊處理，只需先將鴨肉洗乾淨備用；老薑切片備用；高湯以特調的中藥包、米酒、鴨子原汁下去燉熬。

《 製作方式 》

1. 倒入適量的胡麻油至鍋中，待油鍋溫熱之後，再將已經切好的薑片取適量放入鍋中熱炒，注意不要一次放入太多薑片，先讓已入鍋的薑片爆香入味，再加入其他薑片，過程中要不停翻動，以免薑片焦掉。

3. 放入適量的麻油,將薑片、鴨肉放入鍋
   中熱炒數分鐘。

2. 經過2~3個小時的燜炒後,完成的薑片
   成品。在燜炒的過程中有加入獨家的中
   藥配方及米酒。

4. 將炒好的鴨肉及薑片放入快鍋中,蓋上
   鍋蓋燜煮。

6. 將燜煮好的鴨肉取出。

5. 燜煮鴨肉的時間必須掌握好,時間不夠
   或是過久都會影響鴨肉的口感,通常當
   鍋爐發出聲響,就要可以開始放掉蒸
   氣,而蒸氣放掉之後,讓鴨肉在快鍋中
   燜個8分鐘左右,可以讓鴨肉更加入味。

7. 將燜煮好的鴨肉放適量到砂鍋中,再放
   入之前燜炒好的薑片。(可依個人口味
   適量放入,喜歡辣一點的口味,就可以
   放多一些。)

獨家撇步

　　羅老闆表示店裡最費工夫的烹調手續，就是麻油燜炒薑片的過程，每每要花上2～3個小時不停地重複翻炒，薑味與麻油味才會融合而且入味，而這些燜炒的薑片也是影響薑母鴨口感的重要因素。

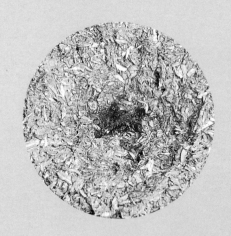

8. 將燉熬好的高湯湯底適量倒入。（高湯湯底是以中醫師調配的中藥包加入米酒、鴨子原汁下去熬製。）

9. 上桌前放在爐台上再次溫熱即可，薑母鴨即可完成。

佳味薑母

10. 冬天來一碗熱呼呼的薑母鴨，不僅身體
　　馬上暖起來，還可以補身。

在家DIY

　　市面上有販賣現成的中藥包，而一般烹煮薑母鴨所用到的藥材就是當歸、黨參、川芎、黃耆、枸杞等。

　　如果要使用快鍋快速烹調出薑母鴨，可依照下列作法：首先，將上述中藥材裝入藥包，鴨肉清洗切塊，老薑切片備用。以適量的麻油、薑片及鴨肉，在鍋內熱炒至香味出來，最後在快鍋中注入適量的米酒、放入中藥包以及炒好的鴨肉及薑片，在鍋內注入水至蓋過食材，小火加熱至快鍋唧唧作響即可。

進補小常識

　　薑母鴨主要是用薑、鴨肉以及胡麻油一起烹調而成，食用之後，可讓全身發熱、促進血液循環、利於排汗，同時還具有整腸、增進食慾、促進消化與吸收、鎮靜、抗真菌、造血以及利尿等多種功效。

　　值得注意的是，薑母鴨中大量使用的麻油、米酒，容易讓人上火，腹瀉或胃酸過多者，在烹調時用最好減輕這些食材的比例。

　　而鴨肉具有滋陰補血的效用，可治療五臟陰虛所導致的口渴、消渴以及血虛所導致的頭暈眼花、失眠等症狀。此外，鴨肉也擁有不錯的營養價值，包括蛋白質、脂肪、碳水化合物、鈣、鐵、維他命B_1、B_2、醣類等等。但是由於鴨肉甘冷，脾胃虛弱者最好不要食用。

楊記花生玉米冰

四十年老店的悠久歷史，目前的負責人楊先生是第2代接班人。已經上了年紀當老太爺的楊伯伯，在多年之前原本從事和化妝品有關的百貨生意，不過由於經營的成果不如想像中順遂，因此轉行開始從事賣冰生意：而當初選擇冰品的動機也很簡單，想說怎麼樣都比鹹口味的食物容易掌握製作的功夫。

當時楊伯伯跟一位叔公學了一陣子，就開始在西寧南路一帶做起生意，由於楊伯伯吃素的關係，所以只準備了五穀雜糧類如綠豆、紅豆和花生等材料，就這樣賣起四果冰來。

據說楊伯伯早期還將酸梅進一步改良加入冰品中，在當時算是頗另類的菜單吧！漸漸的就在小冰攤慢慢受到老一輩的顧客歡迎，而擴大成店面營業，房東也因為跟楊伯伯是多年好友，所以他的房租也不會因為冰店生意好而暴漲。

從小在店上幫忙到大的楊先生，小時候一天到晚只能待在家裡幫忙父親的生意，就像每個小孩在年幼時，都會存在不耐煩與嚮往自由的念頭，亟欲證明個人實力之下，一開始楊先生從事電腦設計與維護的相關工作，大約在十年前才正式接手目前的店面，並且在生意如火如荼的受到廣大歡迎之時，時機巧合下租下隔壁店面，並且增加人手，同時他的大哥也在鄰近的昆明街一帶開設了同名分店，兩人一起打下並奠定現今的不動江山。

我來介紹

「每天光是準備與烹煮材料，就可以花上一天的功夫，料好實在的冰品讓他拍著胸脯保證，絕對值回票價。」
老闆楊煌偉

《 材料 》

麥角適量	花生適量
綠豆適量	紅豆適量
玉米罐頭適量	芋頭適量
特級砂糖適量	2號砂糖適量
濃縮鮮奶罐頭適量	冰塊適量

楊記花生玉米冰

1. 適當份量的花生加水煮開。

3. 花生湯成品。

2. 熬煮過程中需不定時翻攪。

4. 熬煮紅豆。

因為好吃，所以賺錢
楊記花生玉米冰

地　　址：台北市漢口街2段38、40號
電　　話：(02) 2375-2223
營業額：150萬

5. 將冰塊刨成冰絲。

6. 加牛奶調味。

7. 其他配料熬煮後成品。

8. 花生、玉米等材料及成品。

獨家撇步

1. 花生要酥熟一定要煮到汁濃稠時才可加糖。

2. 加1小塊冬瓜精會讓糖水更香甜。

《前製處理》

麥角

(1) 將麥角洗淨泡水約2小時。

(2) 加入約鍋深2/3的水，用大火煮滾約15分鐘左右（時間視份量多寡）。

(3) 待水快收乾時趁熱加入特級砂糖攪拌即可。

(4) 等麥角放涼後，放入冰箱冷藏備用。

紅豆

(1) 將紅豆洗淨，泡水約2小時。

(2) 加入約鍋深2/3的水，用大火煮滾約3個半小時（時間視份量多寡）。

(3) 待水快收乾時趁熱拌入特級砂糖拌勻。

(4) 等紅豆放涼後，放入冰箱冷藏備用。

綠豆

(1) 將綠豆洗淨，泡水約2小時。

(2) 加入約鍋深2/3的水，用大火煮滾約1個半小時（時間視份量多寡）。

(3) 待水快收乾時趁熱加入特級砂糖攪拌即可。

(4) 等綠豆放涼後，放入冰箱冷藏備用。

芋頭

(1) 將芋頭削皮：洗淨、切小塊。

(2) 加入約鍋深2/3的水，用大火煮滾約3小時左右（時間視份量多寡）。

(3) 待水快收乾時趁熱加入特級砂糖攪拌即可。

(4) 等芋頭放涼後，放入冰箱冷藏備用。

花生

(1) 將乾燥花生粒以人工或是機器脫去薄膜及黑點。

(2) 洗淨後泡水2小時以上。

(3) 加入約鍋深2/3的水，用大火燜煮約4個小時左右（時間視份量多寡）。待水快收乾時趁機加入特級砂糖攪拌即可。

(4) 待花生湯汁的顏色變得白稠後，再加入特級砂糖調味，至水收乾。

(5) 放涼約4小時後，冷藏備用。

玉米

(1) 視份量拌入特級砂糖調味。

糖水

(1) 將煮糖水的鍋子以中火加熱。

(2) 倒入2號砂糖轉小火不停拌炒至糖出現香味（不可炒焦）。

(3) 加入清水攪拌成糖水。

(4) 加入少許的鹽，逼出糖的甜味。

(5) 加入1小塊冬瓜精提味（會更香）。

(6) 待糖水滾後，撈起浮在上面的泡沫（使糖水更清）。

即完成香田的獨門糖水了。

《後製處理》

(1) 將冰塊刨成剉冰。

(2) 依口味加上花生、紅豆、芋頭等等配料。

(3) 澆上特製糖水。

(4) 淋上濃縮鮮奶即完成好吃的冰品。

楊記花生玉米冰

國家圖書館出版品預行編目資料

路邊攤紅不讓美食DIY／大都會文化編輯部 著
-- -- 初版 -- --
臺北市：大都會文化，2004〔民93〕
面；公分. -- --（DIY系列：4）
ISBN 986-7651-14-6（平裝）
1.食譜
427.1   93000012

路邊攤紅不讓美食DIY

作　　者	大都會文化編輯部
發 行 人	林敬彬
主　　編	楊雅馨
美術編輯	像素設計　劉濬安
封面設計	像素設計　劉濬安

出　　版	大都會文化 行政院新聞北市業字第89號
發　　行	大都會文化事業有限公司
	110台北市基隆路一段432號4樓之9
	讀者服務專線：（02）27235216
	讀者服務傳真：（02）27235220
	電子郵件信箱：metro@ms21.hinet.net
郵政劃撥	14050529　大都會文化事業有限公司
出版日期	2004年2月初版第一刷
定　　價	220元
I S B N	986-7651-14-6
書　　號	DIY-004

北區郵政管理局
登記證北台字第9125號
免　貼　郵　票

大都會文化事業有限公司
讀者服務部收

110 台北市基隆路一段432號4樓之9

寄回這張服務卡(免貼郵票)
您可以：
◎不定期收到最新出版訊息
◎參加各項回饋優惠活動

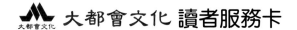
大都會文化 讀者服務卡

書號：DIY-004　路邊攤紅不讓美食DIY

謝謝您選擇了這本書！期待您的支持與建議，讓我們能有更多聯繫與互動的機會。日後您將可不定期收到本公司的新書資訊及特惠活動訊息，若直接向本公司訂購（含新書）將可享八折優待。

A. 您在何時購得本書：＿＿＿年＿＿＿月＿＿＿日

B. 您在何處購得本書：＿＿＿＿＿＿＿＿書店，位於＿＿＿＿＿＿＿＿(市、縣)

C. 您購買本書的動機：（可複選）1.□對主題或內容感興趣 2.□工作需要 3.□生活需要 4.□自我進修 5.□內容為流行熱門話題
　　6.□其他＿＿＿＿＿＿＿＿＿＿＿＿＿＿＿

D. 您最喜歡本書的：（可複選）1.□內容題材 2.□字體大小 3.□翻譯文筆 4.□封面 5.□編排方式 6.□其它＿＿＿＿＿＿

E. 您認為本書的封面：1.□非常出色 2.□普通 3.□毫不起眼 4.□其他＿＿＿＿＿＿＿＿＿＿

F. 您認為本書的編排：1.□非常出色 2.□普通 3.□毫不起眼 4.□其他＿＿＿＿＿＿＿＿＿＿

G. 您有買過本出版社所發行的「路邊攤賺大錢」一系列的書嗎？1.□有 2.□無（答無者請跳答J）

H.「路邊攤賺大錢」與「路邊攤超人氣小吃DIY」這兩本書，整體而言，您比較喜歡哪一本書？1.□ 路邊攤賺大錢 2.□ 嚴選台灣小吃DIY

I. 請簡述上一題答案的原因：＿＿＿＿＿＿＿＿＿＿＿＿＿＿＿＿＿＿＿＿＿＿＿＿＿＿＿＿＿＿＿＿＿＿＿＿＿＿
　＿＿

J. 您希望我們出版哪類書籍：（可複選）1.□旅遊 2.□流行文化 3.□生活休閒 4.□美容保養 5.□散文小品 6.□科學新知
　　7.□藝術音樂 8.□致富理財 9.□工商企管 10.□科幻推理 11.□史哲類 12.□勵志傳記 13.□電影小說
　　14.□語言學習（＿＿＿ 語）15.□幽默諧趣 16.□其他＿＿＿＿＿＿＿＿＿＿＿＿＿＿＿＿＿＿＿＿＿＿＿＿＿

K. 您對本書(系)的建議：＿＿＿＿＿＿＿＿＿＿＿＿＿＿＿＿＿＿＿＿＿＿＿＿＿＿＿＿＿＿＿＿＿＿＿＿＿
　＿＿

L. 您對本出版社的建議：＿＿＿＿＿＿＿＿＿＿＿＿＿＿＿＿＿＿＿＿＿＿＿＿＿＿＿＿＿＿＿＿＿＿＿＿＿
　＿＿

讀 者 小 檔 案

姓名：＿＿＿＿＿＿＿＿＿＿＿　性別：□男 □女　生日：＿＿＿年＿＿＿月＿＿＿日

年齡：□20歲以下 □21～30歲 □31～50歲 □51歲以上

職業：1.□學生 2.□軍公教 3.□大眾傳播 4.□ 服務業 5.□金融業 6.□製造業 7.□資訊業 8.□自由業 9.□家管 10.□退休
　　11.□其他 ＿＿＿＿＿＿＿＿＿＿＿＿＿＿＿＿＿＿＿

學歷：□ 國小或以下 □ 國中 □ 高中／高職 □ 大學／大專 □ 研究所以上

通訊地址：＿＿＿＿＿＿＿＿＿＿＿＿＿＿＿＿＿＿＿＿＿＿＿＿＿＿＿＿＿＿＿＿＿＿＿＿＿＿＿

電話：（H）＿＿＿＿＿＿＿＿＿＿＿（O）＿＿＿＿＿＿＿＿＿＿傳真：＿＿＿＿＿＿＿＿＿＿＿

行動電話：＿＿＿＿＿＿＿＿＿＿＿E-Mail：＿＿＿＿＿＿＿＿＿＿＿＿＿＿＿＿＿＿

DIY系列